SOURCES MINÉRALES

DE LA

VILLE DE CUSSET

SOURCE TRACY. — SOURCE DE L'ABATTOIR

1864

CUSSET

IMPRIMERIE, MÉCANIQUE A VAPEUR, DE Mme JOURDAIN.

SOURCES MINÉRALES

DE LA

VILLE DE CUSSET

SOURCE TRACY — SOURCE DE L'ABATTOIR

1864

SOURCES MINÉRALES

DE LA

VILLE DE CUSSET

SOURCE TRACY — SOURCE DE L'ABATTOIR

Les Sources de Cusset, appartenant à la ville, sont au nombre de deux ; l'une s'appelle la SOURCE DE L'ABATTOIR, l'autre a reçu le nom de SOURCE TRACY.

La première est placée dans la cour même de l'établissement dont elle porte le nom, tout près des promenades publiques. Cette cour est large et bien aérée; séparée seulement par une large grille de l'ancienne route impériale n° 106. Chaque matin, dans la belle saison, on voit affluer à cette fontaine de nombreux buveurs, étrangers et habitants de la ville, qui viennent ou boire de son eau, d'un goût très-prévenant, ou en emporter pour leur usage particulier.

La seconde, la SOURCE TRACY, est bien plus fovorablement située encore, elle coule au milieu du Cours Tracy, le plus beau et le plus riant quartier de la ville, c'est le lieu de promenade de prédilection pour les habitants. Un petit monument, fort gacieux, en forme de pavillon octogone et entouré d'une grille lui sert en même temps de protection et d'ornement. Sous le point de vue hydrologique et médical, cette source présente encore dans sa position un avantage précieux, c'est de pouvoir offrir autour d'elle un lieu de promenade aéré, où les buveurs trouvent toutes les conditions favorables pour la bonne digestion des eaux : un air pur, des ombrages frais, une société paisible et sans encombrement.

L'eau de ces deux sources s'obtient au moyen d'un pompage facile. Jaillissantes dès l'abord elles ont été s'affaissant peu à peu, pour demeurer stationnaires à peu de distance au-dessous de la surface du sol, sans avoir aucunement souffert ni dans leur abondance, ni dans leurs propriétés physiques et chimiques; l'eau n'en est pas moins fraîche, limpide et gazeuse, agréable au goût, d'une digestion facile, etc.

SOURCE TRACY.

La température de cette source est peu élevée, elle ne dépasse guère 12°, on peut donc dire que c'est une eau froide, et cette circonstance, jointe à la compression exercée par les tuyaux, lui permet de conserver la plus grande partie du gaz acide carbonique dont elle est saturée.

Prise à sa sortie du corps de pompe, elle est claire, parfaitement limpide; sa saveur est fraîche, très-agréable, légèrement piquante et un peu ferrugineuse, quoique moins que celle de l'Abattoir. Du reste, M. O. Henri, qui a fait l'analyse de cette source ainsi que de celle de l'Abattoir, l'a décrite en ces termes, dans son rapport transmis à la Mairie de Cusset, en 1845 :

« .... Cette source a beaucoup de rapport avec » celles de Vichy, à la thermalité près. Elle est d'une » saveur un peu saumatre, mais agréable en raison sur» tout de la grande quantité de gaz carbonique qu'elle » contient et qui s'en dégage sous forme de petites bulles » à la température ordinaire; dégagement bien plus sensi» ble encore, quand on soumet l'eau à la chaleur.

» L'eau de Cusset qui nous occupe est limpide, acidule » au papier bleu de Tournesol ; elle verdit le sirop de vio» lette lorsqu'on l'a chauffée quelques instants ; exposée à » l'air, elle perd une partie d'acide carbonique libre, et

» laisse séparée à sa surface une pellicule *cristalline* » légère; cette pellicule s'augmente progressivement par » la concentration de l'eau, à l'aide de l'ébullition, et on » obtient alors une poudre (cristalline à la loupe) d'une » couleur jaune nankin. La partie liquide filtrée indique, à » l'aide d'une analyse qualitative, la présence de beaucoup » de carbonate et de sesqui carbonate de soude, d'un sel » de potasse, de sulfate, de chlorure de sodium, de bro- » mure, d'iodure non douteux, de silicate, de traces de » lithine, enfin d'une matière organique avec un indice de » nitrate alcalin. Les sels insolubles sont formés de carbo- » nates terreux, de silice, d'alumine, de fer, etc., etc. »

» Je n'entrerai pas dans le détail des procédés que j'ai » suivis pour analyser l'eau de la source du puits de Tracy » à Cusset, je me bornerai à dire que l'iodure me paraît » encore ici à base de sodium, ainsi que je l'ai remarqué » dans toutes les autres eaux de Vichy dont j'ai fait l'ana- » lyse. En effet, lorsqu'on évapore à siccité cette eau, si on » reprend le résidu par l'alcool à 30° froid, qu'on évapore » de nouveau le menstrue filtré, la partie saline traitée » par l'amidon et l'acide nitrique ou sulfurique, peut ne » donner aucune coloration bleue ou rosée bien nette; » mais lorsqu'avant ce traitement on ajoute dans l'eau une » certaine quantité de potasse pure à l'alcool (reconnue à » part exempte d'iode) et qu'on suit la même marche, la » teinte bleue, indice de l'iodure, est des plus manifestes.
» ....

» Voici la composition que j'assignerai, d'après les » résultats obtenus à l'eau de la source dite Puits Tracy :

Pour 1,000 grammes (*un litre)*

	l. mil.		
Acide carbonique libre.......... ...	1 048	ou un peu plus du volume	
	gr.		gr.
Bicarbonate de soude anhyde.......	4 620	cristall.	5,120
— de chaux..............	0 380	—	0 380
— de magnésie..	0 220	—	0 220
— de lithine.. } — de fer..... } — de magnésie }	trace sensible.		
— de potasse,	indices.		
Sulfate de soude anhydre..........	0 400	—	0 903
— de chaux..................	0 020	—	0 021
Chlorure de sodium.	0 380	—	0 380
— de potassium........... ..	0 020	—	0 020
Bromure } Iodure } de sodium,	fort sensible.		
Silicate et nitrate alcalin,	indices.		
Silice et alumine..................	0 080	—	0 080
Matière organique particul[re] inappréciée.			
Substances minéralisantes..........	6 120	—	7 154
Eau pure........................	993 880	—	992 846
	1000		1000

» L'eau de cette nouvelle source est donc plus ou moins » analogue à l'eau de la source de Vichy, quant à la com-

» position chimique, et elle doit en représenter aussi les » propriétés médicales. »

Paris, le 22 juillet 1845 (*).

Le travail que nous venons de rapporter démontre donc, dans l'eau de la Source Tracy, une richesse de minéralisation et, en même temps, aux yeux de ceux qui connaissent les eaux de Vichy, une analogie de composition tellement frappante, qu'on ne peut lui nier tout d'abord, non plus qu'à ces dernières, une puissance thérapeutique que l'expérience de près de vingt années, est déjà venue démontrer, et dont nous parlerons tout à l'heure succintement.

(*) Extrait des archives de la Mairie de Cusset.

SOURCE DE L'ABATTOIR.

La température de cette source est également peu élevée, M. Bouquet lui a trouvé 12° 2, la température de l'atmosphère étant à 14° par une journée très-pluvieuse. « Cette détermination toutefois, dit l'auteur que nous citons (*), ne » peut être présentée comme rigoureusement exacte ; bien » que nous ayons eu soin de laisser couler l'eau pendant » quelque temps, avant d'y plonger le thermomètre, elle » a dû nécessairement se refroidir au contact du corps de » pompe, construit en métal et mouillé par la pluie au » moment de l'observation.

Les propriétés physiques de la SOURCE DE L'ABATTOIR sont à peu près identiques à celles de l'eau de la SOURCE TRACY, comme elle, fraîche, limpide, d'une saveur agréable, etc., elle s'en distingue seulement par un goût ferrugineux beaucoup plus sensible, dû à la présence, dans cette source, de sels ferrugineux en assez grande abondance, ainsi que nous allons le voir tout à l'heure. M. O. Henri s'est également occupé, dans un travail fait en 1844, de rechercher les éléments tant minéraux qu'organiques qui entrent dans sa composition. Nous allons en extraire quelques fragments que nous ferons suivre de l'analyse faite par ce chimiste, ainsi que de celles qu'en présente M. Bouquet dans son ouvrage cité plus haut.

(*) *Histoire chimique des Eaux Minérales et Thermales de Vichy, Cusset, etc.*, par J.-P. Bouquet. Paris, 1855.

« .... Quand on abandonne cette eau dans un
» vase rempli d'aspérités, on voit le gaz carbonique se dégager sous formes de petites bulles fort nombreuses, mais
» cet effet est encore bien plus sensible lorsqu'on le soumet
» à l'action de la chaleur; elle forme en outre dans ce cas
» un dépôt jaune nankin de carbonate ferreux, mêlé d'une
» petite quantité de sesqui oxide de fer. L'eau qui nous occupe renferme comme principe minéralisateur l'acide
» carbonique libre, le bicarbonate de soude, de chaux, de
» magnésie, de strontiane, de lithine, de fer et de manganèse,
» les sulfates de soude, de potasse, de chaux, les chlorures
» de sodium et de potassium, les silicates de soude, d'alumine, les phosphates de soude et d'alumine, sans doute
» une matière organique azotée assez abondante; enfin des
» traces non douteuses d'iodure et de bromure alcalin
» reconnues dans l'eau des autres sources de Vichy et
» d'Hauterive.

» Voici les résultats de l'analyse rapportée par le calcul,
» à un poids d'eau minérale de 1000 grammes (un litre)

	l.		
Acide carbonique libre...............	0 640		
	gr.		
Bicarbonate de soude anhydre.......	2 353	critall.	2 633
— de chaux...............	0 158	—	0 158
— de magnésie..........	0 045	—	0 045
— de strontiane..........	traces	—	traces
— de lithine	traces	—	traces

Bicarbonate de fer et magnésie......	0 003	—	0 003
Sulfate de fer anhydre.............	1 034	—	2 330
— de potasse.................	0 020	—	0 020
— de chaux..................	très-sensib.		très-sensib
Chlorure de sodium...............	0 354	—	0 354
— de potassium............	0 011	—	0 011
Silicate de soude................	0 130	—	0 130
Silice et alumine.................	0 060	—	0 060
Phosphate d'alumine .. / — de soude.... / Matière organique azotée }	0 060	—	0 060
Iodure / Bromure } alcalins	sensibles		sensib.
Eau pure.......................	995 000	—	993 250

« L'ensemble de tous ces principes doit faire considérer » l'eau découverte à Cusset comme une eau minérale tout à » fait analogue à celle de Vichy et d'Hauterive, car, quoi- » que moins riche en bicarbonate sodique, elle renferme » sans exception les mêmes principes minéralisateurs et » doit jouir des mêmes propriétés médicales. » (Paris, 17 octobre 1844.)

M. Bousquet, dans son tableau comparatif des eaux de Vichy, attribue à la SOURCE DE L'ABATTOIR la composition suivante, pour un litre de cette eau :

	gr.
Acide carbonique libre dissous..................	1 405
Bicarbonate de soude.....................	5 130
— de potasse	0 274
— de magnésie......................	0 532

Bicarbonate de strontiane	0 005
— de chaux	0 725
— de protoxide de fer	0 040
— de protoxide de magnésie	traces
Sulfate de soude	0 231
Phosphate de soude	traces
Arséniate de soude	0,003
Borate de soude	traces
Chlorure de sodium	0 534
Silice	0 032
Matière organique bitumineuse	traces

Il résulte donc de ces diverses analyses que les SOURCES DE TRACY et de l'ABATTOIR, appartenant à la ville de Cusset, présentent dans leur composition chimique, c'est-à-dire dans la nature et la quantité proportionnelle des divers éléments qui les composent, la plus grande analogie avec les sources de Vichy. Elles doivent donc, comme ces dernières, jouir de la même puissance thérapeutique. Notre cadre est trop restreint pour qu'il nous soit permis de présenter ici des développements sur les propriétés physiologiques de ces sources; nous devrons nous borner à une simple énumération des divers cas pathologiques dans lesquels ces eaux pourront être utilement employées.

Les maladies qui en réclament le plus spécialement l'emploi sont assez nombreuses. La plupart ont leur siége dans les organes gastro-intestinaux et leurs annexes; telles sont: la gastralgie, l'entérite et l'entéro-colite chronique, les engorgements chroniques du foie et de la rate. D'autres affectent les voies génito-urinaires : la metrite chronique, le catarrhe vésical, la gravelle urique, l'albuminurie. Quelques-unes enfin n'ont pas de siége bien déterminé, ou occupent les voies circulatoires : le diabète, la goutte et la chloro-anemie, par exemple.

Beaucoup d'autres affections peuvent être heureusement modifiées ou guéries par l'usage de ces eaux, nous n'étendrons pas d'avantage nos indications thérapeutiques, et quand bien même l'efficacité des sources Tracy et de l'Abattoir se bornerait à ces groupes de maladies, il suffirait de voir ce fait bien établi ; et, depuis près de vingt années qu'elles sont en usage dans la population de la ville et des environs, l'expérience de chaque jour ne permet aucune espèce de doute à cet égard pour prédire à ces deux sources un avenir certain et une réputation méritée.

On peut donc les regarder comme de véritables succédanées des eaux de Vichy, ayant la même composition chimique et pouvant médicalement tout ce que peuvent ces dernières.

Une autre qualité qui leur est inhérente et qui n'est pas la moins importante au point de vue de la pratique thermale, c'est leur facilité de digestion. On voit tous les jours des malades dont l'estomac ne peut s'accommoder des sources congénères quelque bien appropriées qu'elles soient à leur mal, venir boire à la source Tracy et s'en bien trouver. Leur fraîcheur, leur légèreté, leur goût agréable plaisent tout d'abord, et invitent les malades, à venir leur demander une guérison trop longtemps attendue.

Médecin-Inspecteur :

M. LE Dr CORNIL DANVAL,

Chirurgien de l'Hospice de Cusset.

Cabinet de consultation rue des Prés-Ferrés, tous les jours, de dix heures à quatre heures.

Tarif pour les Expéditions.

Le prix de chaque bouteille d'eau expédiée de l'une ou de l'autre des deux sources, est de cinquante centimes, ci.................................... 50 cent.

Celui de la demi-bouteille, de trente-cinq centimes................................ 35 cent.

Frais de caisse et d'emballage compris.

Ce droit est réduit à 20 centimes le litre et à 10 centimes le demi-litre, quand la Mairie ne fournit ni la bouteille ni l'emballage.

Chaque bouteille expédiée est revêtue du cachet de la Mairie de Cusset.

Adresser les demandes à M. le Maire ou au médecin-inspecteur M. Cornil-Danval, (*Affranchir les lettres*).

Cusset, imp. de Mme Jourda

www.ingramcontent.com/pod-product-compliance
Ingram Content Group UK Ltd.
Pitfield, Milton Keynes, MK11 3LW, UK
UKHW020503220726
13923UKWH00006B/2735